DISCOVER LANGKAWI

探索兰卡威

—— 景观设计师眼中的精品酒店

何小强 杨莉 / 著

 大连理工大学出版社

图书在版编目（CIP）数据

探索兰卡威：景观设计师眼中的精品酒店 / 何小强，
杨莉主编. –– 大连：大连理工大学出版社, 2012.4
ISBN 978-7-5611-6873-8

Ⅰ. ①探… Ⅱ. ①何… ②杨… Ⅲ. ①饭店—建筑设
计—马来西亚—图集 Ⅳ. ①TU247.4-64

中国版本图书馆CIP数据核字(2012)第067967号

出版发行：大连理工大学出版社
　　　　　（地址：大连市软件园路80号　邮编：116023）
印　　刷：利丰雅高印刷（深圳）有限公司
幅面尺寸：240mm×285mm
印　　张：16
字　　数：60千字
出版时间：2012年5月第1版
印刷时间：2012年5月第1次印刷
策划编辑：苗慧珠
责任编辑：刘晓晶
责任校对：周　阳
版式设计：王　江　张建实

ISBN 978-7-5611-6873-8
定　价：228.00元

电　话：0411-84708842
传　真：0411-84701466
邮　购：0411-84708943
E-mail:dutp@dutp.cn
http://www.landscapedesign.net.cn

前　言
Perface

　　该书是继《发现清迈——景观设计师眼中的精品酒店》后的精品酒店景观系列丛书之二。书中继续用镜头来解析精品酒店的独特魅力，以体验的方式感受酒店设计所融合的自然与人文之美。

　　精品酒店赋予设计师最为自由的想像空间，惟其如此，设计师方能以其精妙构思，酣畅淋漓地表达内心独白，追求尽善尽美。人类总是在不断地探索一种诗意的栖居方式，散落在世界各地的旅游胜地中的精品酒店无疑是这种探索的具体表现。从清迈到兰卡威，我们一路走来，徜徉在风格迥异却又同样精致的精品酒店中，与建筑语言传达出来的思想和理念相共鸣，被居住体验中的无言之美所打动。

　　兰卡威（Langkawi）是马来西亚北部最大的一组岛屿，由99个石灰岩岛屿组成，其主岛称为兰卡威岛。兰卡威有着许多关于历史的、富有传奇色彩的传说，"鹰"在兰卡威被尊为神物，"langkawi"一词便是由古马来语中的鹰（helang）和强壮（kawi）所组成的。

　　兰卡威岛的旅游业近20年才发展起来。围绕主岛分布着立咯海滩、珍南海滩、中央海滩、达泰湾海滩和丹绒鲁海滩。凭借这些优良的海滩、郁郁葱葱的红树林和热带雨林等独特资源，兰卡威岛涌现出以达泰度假酒店为代表的一批精品酒店，吸引了如GHM、四季、喜来登、威斯汀等国际著名酒店管理集团的纷纷进驻，使兰卡威成为世界著名的观光度假胜地。

　　受达泰度假酒店的吸引，笔者也来到了兰卡威，并逐一体验了岛上不同酒店的特色。如果说在清迈发现的是瑰丽的泰北风情和佛教文化，感受到酒店的精致与祥和的话；那么在兰卡威收获的则是一份惊喜、从设计中的人文关怀体悟到设计大师的匠心独具。兰卡威的酒店总体上具有非常突出的原生态特点，设计师充分考量环境因素，在保护生态的前提下结合马来西亚民居的建筑形式和优点，营造出独特宜人的东南亚风情，使人与自然交融。这与近年来国内外所倡导的"低碳环保"理念不谋而合。因时间所限，兰卡威的酒店未能一一尽览。现从参观过的酒店中精选出9家呈现给读者，以分享探索兰卡威的快乐。

马来西亚地图，兰卡威位于马来半岛的西北角上，毗邻泰国

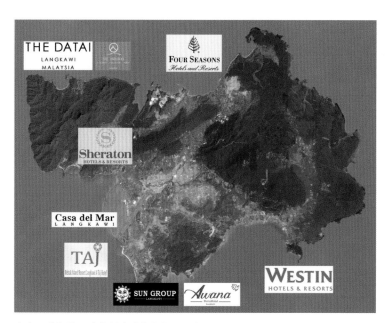

书中所介绍的酒店在兰卡威岛的位置示意图

目　录
Contents

6/ 兰卡威达泰度假酒店
- The Datai Langkawi

42/ 兰卡威安达曼度假酒店
- The Andaman Langkawi

68/ 兰卡威四季酒店
- Four Seasons Resort Langkawi

112/ 兰卡威威斯汀酒店
- The Westin Langkawi Resort & Spa

142/ 兰卡威阿瓦纳波尔图毛罗伊酒店
- Awana Porto Malai Langkawi

158/ 兰卡威Sunset Beach Resort酒店
- Sunset Beach Resort

176/ 兰卡威卡赛度假酒店
- Casa Del Mar Langkawi

202/ 泰姬酒店—兰卡威瑞柏克岛屿度假酒店
- Rebak Island Resort Langkawi A Taj Hotel

222/ 兰卡威喜来登海滩度假酒店
- Sheraton Langkawi Beach Resort

THE DATAI LANGKAWI

地址:Jalan Teluk Datai,07000 Pulau Langkawi Kedah Darul Aman,Malaysia
电话：（604）959 2599　传真：（604）959 2600
网址: www.thedatai.com.my
邮箱: reservation@thedatai.com.my
建筑设计师: 科瑞·希尔建筑师事务所（kerryhillarchitects.com）

THE DATAI LANGKAWI
在热带雨林中聆听天籁——兰卡威达泰度假酒店

兰卡威达泰度假酒店（The Datai Langkawi）是国际酒店业翘楚GHM(General Hotels Management)旗下享有盛名的一家现代风格酒店，位于兰卡威岛西北部茂密的热带雨林中，坐望美丽宁静的安达曼海，拥有一片无与伦比的、柔软细腻的白色沙滩。优越的自然环境、杰出的管理、贴心的服务，与自然完美融合的设计，彰显出其卓尔不凡的格调。正如GHM集团的口号"让人铭记的风格"（A STYLE TO REMEMBER）一样，从建筑、景观到服务的每一个细节成就了该酒店独特的风格。

酒店的设计出自澳大利亚建筑设计师科瑞·希尔之手、1995年他凭借该酒店的设计荣获美国肯尼斯·F·布朗基金会颁发的亚太文化与建筑设计金奖。酒店的设计秉承了设计师科瑞·希尔的一贯风格——遵循以人为本，人与自然和谐共处的理念，采用与自然协调的设计手法和色彩搭配，充分利用当地的建筑材料和传统工艺，将建筑融入热带雨林的自然环境之中，营造出低调、静谧、舒适的居住空间。建筑中光影的巧妙运用、辅以变幻的灯光和色彩变化，呈现出绚丽而宁静的美感。尽管酒店营业至今近20年，除建筑外观色彩稍显暗淡外，酒店并未让人有陈旧的感觉；相反，时光的雕琢更使其增添了几许雍容大气。

酒店拥有112套客房，其中包括54间豪华客房、40幢别墅，其余是套房。在酒店居住的体验是赏心悦目的。客房的阳台是与恬静的自然景观对话的最佳去处，有时，不速之客——猴子，会偶尔造访；为此，酒店特别提醒客人注意关好房门，收好贵重物品。从客房望出去，无论是哪个角度，都能感受到令人赞叹的、无可挑剔的美感。密林深处的别墅小屋通过蜿蜒的林间小径与大堂相连，颇有"曲径通幽"的意境和归隐山林的私密，着实让人感受到与热带雨林亲密接触的奢华感。两个泳池——一个面海，一个被热带雨林环绕，实用且美观。从大堂拾阶而下，一条木栈道通向SPA中心，门前有潺潺的小溪流过，在茂密的树林里营造出一个令人惊艳的私密空间。酒店有三间餐厅和一个酒吧，提供正宗的泰国、马来西亚菜肴和西餐；离酒店不远还有一个18洞的高尔夫锦标赛球场。

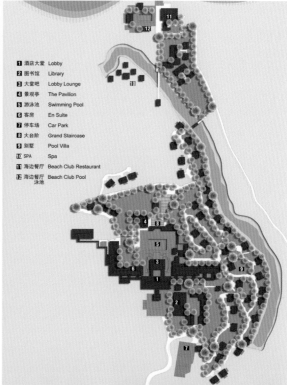

1	酒店大堂	Lobby
2	图书馆	Library
3	大堂吧	Lobby Lounge
4	景观亭	The Pavilion
5	游泳池	Swimming Pool
6	客房	En Suite
7	停车场	Car Park
8	大台阶	Grand Staircase
9	别墅	Pool Villa
10	SPA	Spa
11	海边餐厅	Beach Club Restaurant
12	海边餐厅 泳池	Beach Club Pool

• 酒店总平面索引图片由The Datai Langkawi提供
• 汽车穿行在蜿蜒的山道上，不经意间，在绿意盎然的山道旁骤然出现一个不起
  眼的小标牌"THE DATAI"，这里便是达泰度假酒店

• 顺车道而下，眼前出现一片结合传统马来民居风格的现代建筑群……

• 酒店大堂是通透、开放的——放眼望去，陶马、莲池和热带雨林尽收眼底，清新的空气扑面而来，生机盎然

• 酒店的前台完全采用开放式设计：圆弧形的建筑里面是高效的接待和问询处；靠近屋檐的地方是行李台；中间的多座沙发则留
  给办理手续或者溜达的客人，使等待变得不再漫长；温暖柔和的灯光令人倍感温馨

· 科瑞·希尔的设计流露出东方的禅意, 潋艳的莲池不禁让人想起那句脍炙人口的古诗"接天莲叶无穷碧, 映日荷花别样红"
· 定期地清理池塘是保持荷塘景观品质的重要手段

• 大堂一侧的咖啡吧设计独具匠心，实现了360度景观

• 酒店在白天低调而宁静，夜晚却绽放出夺目的光彩

• 客房全部采用木质建筑，掩映在热带雨林中，色彩自然而低调；内部是回廊式结构，设计师充分
  考虑到雨季的因素而将其设计成人字形坡屋顶

- 自然光的引入，使建筑呈现出梦幻般的光影效果
- 为适应热带雨林气候，酒店的建筑设计十分注重散发湿热，并随处都放置了雨具
- 客房门口的竹筒不仅美观，还很实用

• 建筑设计充分利用了当地的材料和工艺——简朴而不粗陋，富有浓郁的原生态趣味

- 底层建筑采用架空式设计——用天然石块装饰墙壁，无论色彩还是做工都很自然，毫不做作
- 公共空间的装饰则充满了东南亚及中国文化的韵味

• 阶梯设计干净利落，在夜晚配上灯光更是美不胜收
• 建筑细部充分体现了品质感——每一个建筑部件都是造型别致的艺术品

｜ • 隐蔽在热带雨林中的别墅有独立的泳池和私密的空间，连指示路牌也延续了其低调的风格

• 酒店里三间餐厅的建筑和菜式均各具特色，餐具也充分利用了兰卡威岛所盛产的玻璃制品

• 从造型到用途，再到色彩搭配，甚至小到烟灰缸和调料碟，都精心而为、恰到好处

- 两个矩形泳池均以蓝色瓷砖铺底，色彩与周边环境和天空形成对比，却又相互呼应
- 海边水吧的坐椅采用快干布制成的沙发垫，袒露在阳光中，舒适放松
- 水吧餐具流露出浓浓的中东风情，一切都慵懒而惬意

• 露天冲凉池的喷头被嵌在木头里

• 更衣室内景——建筑屋顶采用当地工艺制作，繁复而坚固；除了卫生间，淋浴设施都采用露天设计；
　原本粗陋的地方通过设计和严格管理，在保障私密性的前提下，将野性与高雅充分结合在一起

• 客房简约而典雅，在小空间里营造出大气、舒适的氛围

- 照明设计有自然光、灯光、烛光和煤油灯光等，实用功能与光影效果并重，成为酒店景观不可或缺的一部分。同样的泳池和餐厅，随着每天早晚时刻光照的不同而呈现出不一样的景致。面对这样的变幻莫测，不由产生"横看成岭侧成峰，远近高低各不同"的感受；看似简单的设计，却变换出如此梦幻的效果

34 植物以鲜艳 色彩增添了主 生机 色彩丰富 彩多变

精美的烛台灯

- 酒店这一处雕塑，放置在大堂的荷花池边，造型拙稚可爱。到夜晚，暗香浮动中忽然"听取蛙声一片"，面对半亩方塘的荷花，禅意立现
- THE DATAI的景观设施中，灯具是亮点。例如这种豆芽形状的灯具，就如一串串音符跳跃在地面之上，富有韵律和动感

• 开放的SPA接待大堂，外观朴实，内里却别有乾坤

· 白色小径的尽头就是SPA

- SPA的室内灯光与自然光、植物相得益彰，营造出梦幻的场景
- 露天冲凉池的设计理念大胆而惊艳

THE ANDAMAN
LANGKAWI

地址: Jalan Teluk Datai, Langkawi, 07000, Malaysia
电话: （604）959 1088
网址: www.theandaman.com
邮箱: theandaman@luxurycollection.com

THE ANDAMAN LANGKAWI

海边的空中SPA——兰卡威安达曼度假酒店

兰卡威安达曼度假酒店（The Andaman Langkawi）与达泰度假酒店比邻而建，共享美丽的安达曼海和热带雨林。

酒店将现代风格融入马来传统建筑，空间宽敞而通透，共有188间客房。酒店依地势而建，从上至下依次分布着SPA、客房、餐厅和游泳池。餐厅有欧式、马来、印度、日本等各种风味；池边露台餐厅供应用柴火烤制的比萨和家常甜点，餐厅可以俯瞰游泳池和大海，是观赏日落的佳处。在热带雨林中的酒店里，不时遇见野生的猴、蜥蜴等动物是司空见惯的。

酒店享誉兰卡威的是SPA服务。沿红砖铺就的山路蜿蜒而上，"V Integrated Wellness" SPA中心便掩映在山崖的树林间——房间三面悬空开放，四周环绕着葱郁的树林和湛蓝的大海，耳畔时刻回荡着大自然的声音。

·安达曼酒店与达泰酒店共享美丽的海湾和热带雨林

·传统马来民居风格的建筑——空间宽敞、通透

• 雅致的家具搭配高挑的屋顶，整体效果十分协调

·建筑设计中依据地形的高低，将各种景观元素自然引入，并且不破坏原生态的风貌

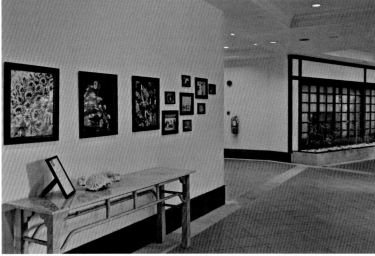

• 室内设计鲜明地表现出自然特色，并用灯光渲染出高雅的空间氛围

• 酒店的泳池依地势分布在餐厅下面——走出去就是大海，设计中兼顾了儿童和成年人的需求

- 植物种类繁多、株形美观
- 隐藏在植物间的冲凉设备

- 攀缘类植物与石头砌成的墙壁有机结合,赋予了景观新的内涵
- 热带雨林中的小动物与人和谐共处

　• 从灯具、铭牌到日常用品，一切都注重自然和生态，并与环境相协调

• SPA接待中心悬空而建，将大海和山林尽收眼底。置身其间，风声、鸟声、海涛声，声声入耳，让人心旷神怡

Four Seasons Resort Langkawi

地 址: Jalan Tanjung Rhu,Mukim Ayer Hangat,07000
Langkawi,Kedah Darul Aman, Malaysia

电 话:（604）950 8888　传 真:（604）950 8899

网 址: www.fourseasons.com/langkawi

景观设计师: 泰国比尔·宾士奈设计事务所（www.bensley.com）

Four Seasons Resort Langkawi

梦幻摩洛哥——兰卡威四季酒店

兰卡威四季酒店（Four Seasons Resort Langkawi）坐落在兰卡威岛东北角的丹绒鲁海滩上——"面朝大海，春暖花开"。2005年开业的兰卡威四季酒店是目前马来西亚最昂贵的度假酒店之一，只有亭阁和别墅两种房型。每个亭榭共两层四间客房，总计68间客房；别墅有31栋，主要是海滩别墅，透过落地玻璃窗面向大海，享受专属的海景。高层阁楼挑高了屋顶，充分利用自然光，辅以软塌铺就的回廊式设计。

四季酒店客房的建筑外型融合了传统的东南亚民居元素，景观设计和室内装修却借鉴了北非摩洛哥风格，有着浓浓的异域情调。

酒店有三间餐厅：Serai靠近大堂，供应自助早餐；Ikan Ikan将马来西亚传统风格的吊脚楼与现代设计相结合，食物以海鲜为主，是浪漫晚餐的上佳之选；Kelapa Grill坐落在海边，供应比萨等。酒店远离市区，周边自然环境比较原生态，空气清新。

酒店索引
Resort Map
1 酒店大堂 Lobby
2 游泳池 Swimming Pool
3 别墅 Villa
4 SPA Spa

｜ • 沿着一条砾石路从入口进去，经过几面景墙，会将您引入四季酒店的大堂空间

72 ・到达大厅外，安静的水面、葱郁的植物下一排整齐排列的喷头。当夜幕降临时，
火把、灯光与喷水共同将到达大厅装扮得壮观绚丽

• 用马灯装饰的景墙

• 伊斯兰风格的中庭

• 穿过两个中庭便是大堂——设计师将对比强烈的色彩、自然光、镂空图案等组合在一起，并采用类似中国漏景的处理手法，将不同的景观叠加起来，营造出壮丽的美感

• 大堂的穹顶高达10余米，自然光从屋顶倾泻下来，与宝蓝色水磨石
和木质格栅共同营造出绚丽、华贵和梦幻的氛围

• 酒店大堂并不宽敞，旁边有外廊可供客人等候、休息
• 外廊装饰为伊斯兰风格，如墙上的盾牌、墙龛的形状、桌子的图案、沙发布的颜色和花纹等

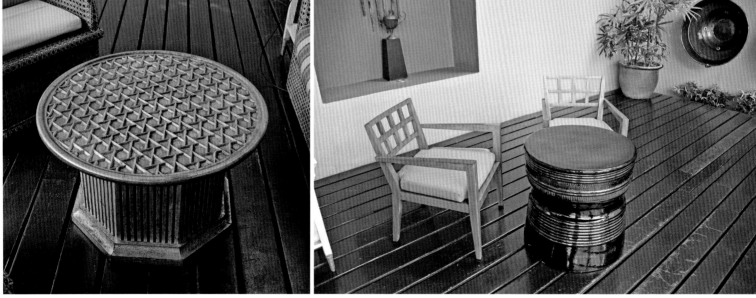

- 桌子造型各不相同，但纹饰却又统一协调——"Z"字形花纹在酒店的室内装饰中被反复运用
- 黑色圆桌的灵感源自东南亚的铜鼓造型

· 从外廊的入口、台灯、摆饰、吊灯到廊柱,所有细节都经得起推敲

• 墙壁将平静水面上的亭榭分隔成安静独立的空间
• 马来民居风格的亭榭——尖顶和吊脚楼与水面倒影交相辉映，内部装饰则大量运用非洲元素

• 大堂的廊柱造型多变、做工精湛，与伊斯兰建筑风格的门楣相辅相成

- 夜晚的大堂金碧辉煌，廊柱则是不可缺少的主角
- 亭榭屋檐的花纹、水中树池均独具匠心，成为了独特的景观元素

• 客房主要分为阁楼和别墅两种类型，客房的室内设计是酒店的亮点之一

- 阁楼式客房有两层、共四间客房
- 阁楼式客房采用回廊型设计
- 树木、海滩等外景与内饰相呼应

· 兰卡威的雨季较长，开放回廊中的软塌沙发均采用快干布制作
· 东南亚特色的屋槽美观实用

• 客房屋顶采用挑高设计，宽敞、开阔；大量使用暖色灯光，配合木质地板和家具、
  高档的棉质用品，以及民族色彩非常浓厚的图形装饰，既奢华又温馨

• 客房中设施齐全，狭小的空间有条不紊地放置了大床、侧榻、书桌，还配备了电视、Mini吧和音响(可以播放IPHONE\收听电台等)；由于屋顶挑高以及采用落地窗设计，因此并不显得拥挤和阴暗

· 卫浴间顶部的采光窗外形设计使用不同的图案
· 洗手池是卫浴间的点睛之笔

• SPA的入口简洁、典雅而静谧

• 灯具的造型各异，具有浓厚的装饰趣味

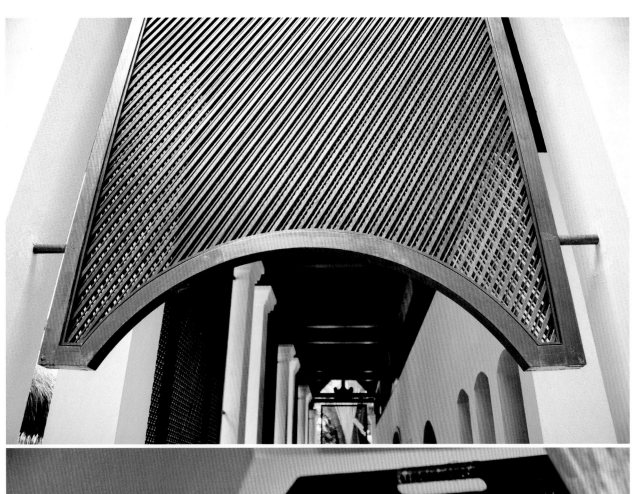

 • 建筑细部的做工精致

• 图书馆被水景包围，建筑基座抬高了约2米，有点远离尘嚣的意味

| • 室内装饰兼有粗犷和典雅的风格，巧妙地融合在一起

• 图书馆的洗手间

·洗手间内部采用半开放式装修——因基座已经抬高,放眼望去绿意盎然

• 酒店有三间餐厅，各具特色。靠近大堂的餐厅以自助早餐为主，装饰华丽，采用全开放设计

• 位于此处的餐厅以海鲜为主，面向大海

• 靠近海边的餐厅以供应比萨为主；柱廊式建筑被软竹
帘隔开，成为独立的空间

• 海滩上除了马来民居风格的凉亭，还有临时搭建的帆布凉亭

• 将泳池基座抬高了，面向大海，尽览海景

The Westin Langkawi
Resort & Spa

地址: Jalan Pantai Dato' syed Omar, Langkawi, 07000, Malaysia
电话: (604) 960 8888　　　传真: (604) 960 3097
邮箱: ewestin.langkawi@westin.com
网址: www.westin.com/langkawi

The Westin Langkawi Resort & Spa

商务旗舰——兰卡威威斯汀酒店

兰卡威威斯汀酒店（The Westin Langkawi Resort & Spa）位于兰卡威岛东南角的瓜镇边上，前身是Sheraton Perdana。酒店于2006年重新装修，并延续了威斯汀品牌时尚简约的风格。

酒店地势平坦，有足够的空间可供客人漫步和运动，是兰卡威高端酒店中面积最开阔的一家；酒店共有202间客房和20幢别墅。酒店比邻海滩，在临海的景观位置依次设计了延伸进海里的独立观景亭、三个游泳池、餐厅和SPA。

客房的红色屋顶是酒店建筑的一大特色。大堂采用完全开放式设计，以灯笼、烛台和静水营造出安宁舒适的环境。SPA周围流水环绕，十分私密。

酒店索引
Resort Map

1 酒店大堂　Lobby
2 游泳池　　Swimming Pool
3 客房　　　En Suite
4 别墅　　　Villa
5 SPA　　　Spa

- 酒店总平面索引图片由兰卡威威斯汀酒店提供
- 入口采用平实的现代设计手法，大气稳重，与兰卡威威斯汀酒店的整体风格相吻合

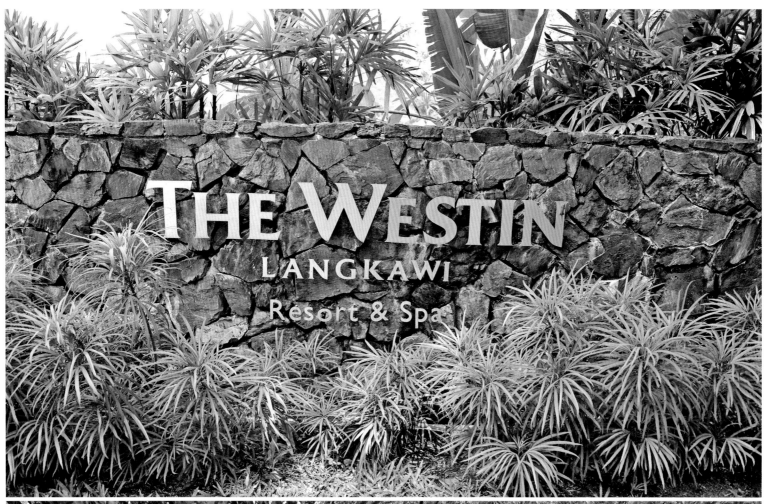

• 大堂设计简洁实用，体现出商务酒店的严谨和效率

• 大堂的陈设于粗犷中见品味

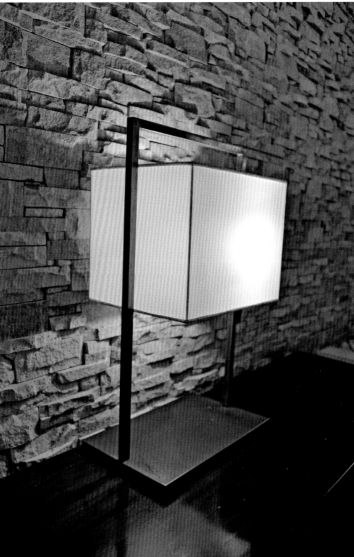

• 主体建筑将马来民居风格与现代设计相结合——红色
  屋顶与白色墙体相互映衬，彰显特色

ᐧ 别墅建筑借鉴传统马来民居的尖顶建筑形式，华贵而典雅

• 客房的设计简洁精致,通过软帘和玻璃将浴室与卧室隔离开来,互不影响;拉上软帘、开启阳台的落地门窗,便可以一边泡浴一边欣赏海景

• 探入海中的独立景观亭
• 景观亭两侧隐蔽的洗手间

• 景观亭的内部做工细致，并充分考虑到海水侵蚀等因素而设置了保护设施

• 所有餐厅都面向大海

• SPA中心的正门大气简洁，有专门接送客人的电瓶车

造型多样的灯具和小摆件

• SPA采用马来民居的建筑风格，通过水景和灯光增添了不少神秘色彩
• 入夜的SPA空灵飘渺，在马灯摇曳的光影和白色纱幔中，禅境毕现

Awana
Porto Malai Langkawi

SEAGULL COFFEE HOUSE   LOBBY SHOP   GRAND ADVENTURE COUNTER

LOBBY LOUNGE   MULTI PURPOSE HALL

VILLA ROSSI RESTAURANT   GRAND BALLROOM / MEETING ROOMS

READING ROOM

SWIMMING POOL

ZEST AT BOARDWALK

SOUVENIR SHOP

POOL TERRACE

GOLF - LILY FAIRWAY

PUBLIC WASHROOM

TAXI S

Awana Porto Malai Langkawi

地址: Tanjung Malai, Pantai Tengah, 07000 Langkawi, Malaysia
电话:（604）955 9015
传真:（604）955 1751

Awana Porto Malai Langkawi

海角灯塔——兰卡威阿瓦纳波尔图毛罗伊酒店

兰卡威阿瓦纳波尔图毛罗伊酒店（Awana Porto Malai Hotel Langkawi）坐落在兰卡威岛西南端的珍南海滩上，地中海风格的建

筑、宽敞舒适的空间给客人提供了一个理想的度假胜地。

　　酒店没有专属的私家海滩，只是修建了一个大型泳池以弥补这一遗憾。酒店沿海岸线搭建了一条木栈道，可供客人漫步欣赏海景，

或者在坐椅上观赏日出日落。酒店有209间客房，拥有充足的停车位。

• 主体建筑采用地中海风格，入口门厅宽阔大气，屋顶的结构排架做工精美；从门厅到大堂有长廊相连

• 宽敞舒适的大堂采光很好，室内设计中西合璧；既有传统花纹装饰的前台，
又有造型独特的摆件

· 酒店建筑是多层结构，色彩淡雅亲切；为了呼应位于海角的地理特点，
特别设计了白色灯塔作为标志，并成为了酒店建筑的视觉焦点

• 室外铺地色彩艳丽，极具梦幻效果

• 酒店内庭院的泳池和儿童戏水池

• 灯具设计可谓多姿多彩：有吊在屋顶的马灯和现代风格装饰灯、油灯，还有欧式风情的庭院灯

Sunset Beach Resort

地址: Pantai Tengah, Mukim Kedawang, 07000 Langkawi,
Kedah, Malaysia
电话: （604）955 9015　　传真:（604）955 1751
邮箱: sunset@sungrouplangkawi.com
网址: www.sungrouplangkawi.com

Sunset Beach Resort

精品小筑——兰卡威Sunset Beach Resort

酒店位于兰卡威岛中央海滩的西南角上，属于Sun集团的精品酒店。

从外面来看，酒店并不引人注目。进入酒店后，才发现别有洞天——酒店的景观设计错落有致，极富东南亚风情。酒店巧妙地通过景观

设计化腐朽为神奇，营造出一个雅致的环境。

·典雅精致的接待厅，对面的休息小厅具有浓厚的民族特色

• 客房建筑完全掩映在热带植物之中

- 酒店的独特之处在于精巧和因地制宜，建筑、植物、雕塑等诸多元素组合在一起，总会有惊喜的发现
- 建筑外墙上的壁雕和装饰品精美华贵

• 植物以印度素馨（俗称鸡蛋花）为主，与其他植物、雕塑搭配，营造出令人难忘的景观空间

● 雕塑极具东南亚艺术特色，烘托出酒店的独特气质

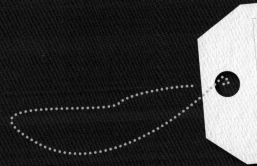

Casa Del Mar Langkawi

地址: Jalan Pantai Cenang, Mukim Kedawang, 07000
Langkawi, Kedah Darul Aman, Malaysia
电话: (604) 955 2388　　传真: (604) 955 2228
邮箱: info@casadelmar-langkawi.com
网址: www.casadelmar-langkawi.com

Casa Del Mar Langkawi

海之精灵——兰卡威卡赛度假酒店

　　"Casa del Mar"在西班牙语中的意思为"海之家"，酒店位于兰卡威珍南海滩的中段。沿着海边的街道放眼望去，该酒店绝对是与众不同的一家。

　　酒店的外观设计是典型的地中海风格；室内设计内涵丰富、层次分明，却又和谐协调。

　　酒店客房有两层楼、共34个房间，全部面向大海，可饱览美丽的海景。

• 红白相间的地中海风格建筑

- 入口的白色矮墙以手工抹灰工艺表达出自然肌理，加上雕塑喷泉、门楣的装饰，富有艺术美感
- 灯光的巧妙运用往往可以化腐朽为神奇
- 精致的细节是高档酒店制胜的法宝，该酒店也不例外，经得起推敲

• 精巧的景观摆件体现出协同设计的整体效果

• 经过精心打造，通过景观元素的组合，使地中海风格的建筑在温馨、浪漫之外，还呈现出高贵的气质

- 走进大堂，五彩缤纷的色彩扑面而来，一切都柔软而舒适；家具陈设以深色调为主，品味高
雅，在鲜花、壁画和灯光的映衬下呈现出"低调的奢华"

·主餐厅采用半开放式设计，面朝大海和泳池；红棕色的拱形门也很有特色

• 用马赛克装饰的餐桌与色彩艳丽的斗牛士抽象画组合在
  一起，奇妙地和谐统一

• 客房建筑全部面朝大海

• SPA会馆入口空间采用开放式的设计，有喷泉、叠水导入

• SPA入口处的标牌
• 夜晚的SPA多了一份空灵和静谧

• 室外餐厅和水吧：屋顶采用轻钢结构与透明玻璃组合的方式，
　空间开放，可以享受360度景观

• 室外餐厅与客房之间被一堵景观墙和一条水道所隔开
• 青蛙雕塑赋予了这块空间灵气和趣味

• 室外餐厅柱子上的热带鱼图案与酒店环境呼应

• 游泳池底部用蓝色瓷砖铺成，与海景呼应，并用白色拼出一个海马的图形
• 草棚与玻璃钢结构相协调

Rebak Island Resort
Langkawi A Taj Hotel

地址: Rebak Island Resort, P.O.Box 125, 07000 Kuah,
       Langkawi Kedah Darul Aman, Malaysia
电话: （604）966 5566　传真: （604）966 9973
邮箱: rmresv.malaysia@tajhotels.com
网址: www.tajhotels.com

Rebak Island Resort Langkawi A Taj Hotel

独岛天堂——泰姬酒店-兰卡威瑞柏克岛屿度假酒店

泰姬（Taj）是印度酒店集团的著名品牌，拥有豪华的客房、精致的美食，以及源自印度的Jiva Spas服务。

泰姬酒店-兰卡威瑞柏克岛屿度假酒店（Rebak Island Resort Langkawi A Taj Hotel）拥有设施齐全的码头，独享瑞柏克岛的红树林。从珍南海滩的专用码头出发，乘快艇15分钟便可到达酒店码头。

酒店共有82间客房，马来民居传统风格的木质别墅和客房错落散布在棕榈树林之间、鲜花环绕、环境宜人；酒店还设有各种休憩和专用运动设施。

• 酒店总平面索引图片由泰姬酒店－兰卡威瑞柏克岛屿度假酒店提供
• 去酒店必须从专用码头搭乘游艇

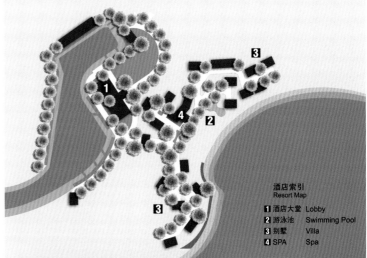

酒店索引
Resort Map

1 酒店大堂　Lobby
2 游泳池　　Swimming Pool
3 别墅　　　Villa
4 SPA　　　Spa

• 乘坐15分钟的海上快艇后，便来到了瑞柏克岛的港湾，港湾中停
满了帆船和游艇，酒店占踞了整座岛屿

• 大堂极为宽敞，简约的陈设透出清新的感觉

• 高高的坡屋顶、宽敞通风的空间、舒适的沙发，
  这几乎成为了东南亚精品酒店的共同特点

• 客房建筑类型以两层联排式别墅为主，典型的东南亚风格；干净简洁的
坡屋顶，朴实自然的镂空窗格和护栏——既通风透气，又隔绝潮气

• 造型多变、颇有意趣的景观小摆件
• 雕塑、标牌与灯具的设计朴实自然，具有浓郁的原生态气息

Sheraton Langkawi
Beach Resort

地址:Teluk Nibong 07000 Poaulau Langkawi Kedah Darulaman
电话:（604）952 8000   传真:（604）952 8050
邮箱: langkawireservation.00281@sheraton.com
网址: www.sheraton.com/langkawi

Sheraton Langkawi Beach Resort

优雅贵族——兰卡威喜来登海滩度假酒店

兰卡威喜来登海滩度假酒店（Sheraton Langkawi Beach Resort）位于兰卡威岛西部的立咯海滩，距离机场约7公里。酒店虽然已有20多年的历史，却并不显得陈旧，依然独具魅力。

酒店共有264间客房，包括套房与当地特色小屋。酒店内部坡度较大，大堂和客房之间往返需要区间车。尽管酒店专属沙滩的范围较小，不适宜游泳；但一条蜿蜒的木栈道横过海岸线，掩映在茂密的树林间，成为了绝佳的观景长廊。

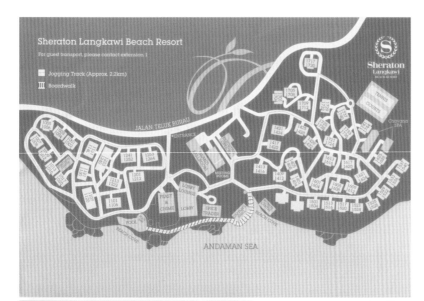

・酒店总平面索引图片由兰卡威喜来登海滩度假酒店提供
・朴实无华的酒店大门

• 大堂外的连廊通往会议室

• 室内设计简洁干净

• 客房分为山景房和海景房，建筑形式为别墅和多层。其中，别墅的设计与建筑大师赖特的美国草原式住宅
设计风格神似，用原木地板和宽敞空间营造出奢华尊贵的氛围

• 位于酒店西北角的SPA会馆
• 位于木栈道和海边的餐厅以海鲜为主，餐厅的标志是帆船模型

• 供应自助早餐的Feast餐厅——其室内装饰细部的设计手法新颖，如屋顶花纹、透视灯光等

• 连接下沉景观空间的通道上覆盖着透明的玻璃和轻钢结构廊架

　• 水吧旁边的三个景观亭

| • 可观海景的泳池和儿童戏水池

• 美观实用的景观亭

• 沿海岸修建的木栈道是最佳的漫步和观景处

• 木栈道上随意印的大脚丫，使漫步的心情更加放松和惬意

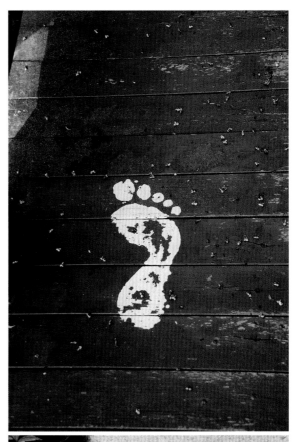

• 灯具造型多样，做工精致